Title Information	
Date:	
Logbook #:	
Continued from Logbook#	
Name:	
Title:	
Address:	
City & State:	
Email address:	
Telephone #:	
Date Logbook Started:	
Date Logbook Ended:	
Signature	
Notes:-	

DATE	SUBJECTS	PAGE #

TABLE OF CONTENTS

DATE	SUBJECTS	PAGE #
	TABLE OF CONTENTS	

DATE	SUBJECTS	PAGE #

TABLE OF CONTENTS

TABLE OF CONTENTS

DATE	SUBJECTS	PAGE #

TABLE OF CONTENTS		
DATE	SUBJECTS	PAGE #

	Date	Page #: 1
	___/___/___	Book #:

	Date	Page #: 2
	___/___/___	Book #:

	Date	Page #: 3
	___/___/___	Book #:

| | Date ___/___/___ | Page #: 4 |
| | | Book #: |

| | Date ___/___/___ | Page #: 5 |
| | | Book #: |

	Date	Page #: 6
	___/___/___	Book #:

	Date	Page #: 7
	___/___/___	Book #:

	Date	Page #: 8
	___/___/___	Book #:

Date	Page #: 11
___/___/___	Book #:

	Date	Page #: 13
	___/___/___	Book #:

	Date	Page #: 15
	___/___/___	Book #:

	Date / /	Page #: 16
		Book #:

	Date	Page #: 21
	___/___/___	Book #:

	Date	Page #: 25
	__/__/__	Book #:

	Date	Page #: 26
	___/___/___	Book #:

	Date	Page #: 27
	___/___/___	Book #:

	Date	Page #: 31
	___/___/___	Book #:

	Date	Page #: 34
	___/___/___	Book #:

	Date	Page #: 35
	___/___/___	Book #:

Date ___/___/___
Page #: 36
Book #:

	Date	Page #: 37
	___/___/___	Book #:

	Date	Page #: 41
	___/___/___	Book #:

	Date	Page #: 42
	___/___/___	Book #:

	Date	Page #: 43
	___/___/___	Book #:

	Date	Page #: 45
	___/___/___	Book #:

	Date	Page #: 49
	___/___/___	Book #:

	Date __/__/__	Page #: 52
		Book #:

	Date	Page #: 55
	___/___/___	Book #:

	Date	Page #: 57
	___/___/___	Book #:

	Date __/__/__	Page #: 60
		Book #:

	Date	Page #: 69
	___/___/___	Book #:

	Date	Page #: 78
	___/___/___	Book #:

	Date	Page #: 80
	___/___/___	Book #:

	Date	Page #: 82
	___/___/___	Book #:

	Date	Page #: 83
	___/___/___	Book #:

	Date / /	Page #: 89
		Book #:

	Date	Page #: 91
	___/___/___	Book #:

Made in the USA
Monee, IL
05 April 2022